BEI GRIN MACHT SICH IHR
WISSEN BEZAHLT

- Wir veröffentlichen Ihre Hausarbeit,
  Bachelor- und Masterarbeit

- Ihr eigenes eBook und Buch -
  weltweit in allen wichtigen Shops

- Verdienen Sie an jedem Verkauf

Jetzt bei www.GRIN.com hochladen
und kostenlos publizieren

Bibliografische Information der Deutschen Nationalbibliothek:

Die Deutsche Bibliothek verzeichnet diese Publikation in der Deutschen National-
bibliografie; detaillierte bibliografische Daten sind im Internet über http://dnb.d-
nb.de/ abrufbar.

Impressum:

Copyright © 2015 GRIN Verlag, Open Publishing GmbH
Druck und Bindung: Books on Demand GmbH, Norderstedt Germany
ISBN: 978-3-668-10616-1

Dieses Buch bei GRIN:

http://www.grin.com/de/e-book/311698/auktionstheorie-eine-spieltheoretische-
analyse-der-deutschen-umts-auktion

Laura Stolz

Auktionstheorie. Eine spieltheoretische Analyse der deutschen UMTS-Auktion

GRIN Verlag

GRIN - Your knowledge has value

Der GRIN Verlag publiziert seit 1998 wissenschaftliche Arbeiten von Studenten, Hochschullehrern und anderen Akademikern als eBook und gedrucktes Buch. Die Verlagswebsite www.grin.com ist die ideale Plattform zur Veröffentlichung von Hausarbeiten, Abschlussarbeiten, wissenschaftlichen Aufsätzen, Dissertationen und Fachbüchern.

Besuchen Sie uns im Internet:

http://www.grin.com/

http://www.facebook.com/grincom

http://www.twitter.com/grin_com

Inhaltsverzeichnis

1. Einleitung

1.1. Was ist eine Auktion?

In unterschiedlichen Bereichen der Wirtschaft werden Auktionen immer beliebter. Viele von uns haben schon selbst an Auktionen teilgenommen, höchstwahrscheinlich auf der beliebten Internetplattform eBay. Andere haben sicher schon von Rekordergebnissen einer Kunst- oder Antiquitätenauktion in einem der bekannten Auktionshäuser, wie Sotheby's, aus den Medien erfahren. Alle diese Auktionen haben eins gemeinsam: Sie sind eine besondere Variante der Verhandlungen und besitzen dadurch dieselben oder sehr ähnliche Gesetzmäßigkeiten [1, S. 1]. Um diese zu untersuchen kommt die Spieltheorie zum Einsatz, oder genauer gesagt ein spezieller Teil, der sich hauptsächlich mit den Wirtschaftswissenschaften beschäftigt, die Auktionstheorie. Der Hauptaspekt ist die Vorhersage des Verhaltens der Spieler und die daraus entstandenen bestmöglichen Strategien, um das eigene Bieterverhalten zu optimieren [1, S. 1].

1.2. Ziel einer Auktion

Bei jeder Auktion gibt es zwei Parteien. Auf der einen Seite den Käufer, dessen Ziel es ist, den Auktionsgegenstand für den günstigsten Preis zu erwerben. Dem entgegen steht der Verkäufer, er möchte sein Objekt für den höchst möglichen Preis verkaufen. Die Hauptaufgabe der Auktion ist deswegen die Ermittlung einer Balance zwischen den gegebenen Informationen und der daraus resultierenden Wertschätzung, um einen maximalen Profit zu erzielen. Auf Grund der Unsicherheiten oder mangelnden Informationen über den echten Wert des Gegenstandes werden meistens Auktionen sinnvoll, um die Zahlungsbereitschaft der Kunden herauszufinden [2, S. 3]. Diese Wertunsicherheiten sind einer der Gründe gewesen, weswegen die deutsche Regierung sich für eine Auktion als Vergabe der UMTS-Lizenzen entschieden hat. Ziel dieser Arbeit ist es den Leserinnen und Lesern das Verständnis der auktionstheoretischen Formeln anhand der wichtigsten Auktionsarten aufzuzeigen und an einem praxisbezogenen Beispiel der deutschen UMTS-Auktion näher zu bringen. Im Vordergrund steht der Nachweis des Bieterverhaltens mithilfe auktionstheoretischer Formeln.

2. Auktionstheorie

2.1. Begriffserklärung

In diesem Punkt werden für die Auktionstheorie wichtige Begriffe erläutert, als Voraussetzung für die spätere Analyse der Auktionsformen.

2.1.1. Wertschätzung

Bei der übereinstimmenden Wertschätzung (Common Value) gehen alle Bieter von dem gleichen Wert für das Objekt aus. Der Auktionsgegenstand ist nach [3, S. 5] anschließend zur Wiederveräußerung oder zur finanziellen Bereicherung bestimmt. Ein Beispiel hierfür ist, laut [1, S. 95], der Kauf von Ölfeldern. Alle Bieter besitzen dieselbe Wertschätzung. Diese lässt sich durch die aktuelle Wirtschaftslage und den geschätzten Kapazitäten des Ölgebietes berechnen. Dennoch besteht ein gewisses Risiko, welches durch keinen Teilnehmer der Auktion vorhergesagt werden kann. Zum Beispiel von welcher Größe das Ölfeld ist oder wie sich der Verkaufspreis in der Zukunft entwickeln wird. Deswegen ist jeder Mitbietende auf die Prognosen von Gutachtern oder anderen Spezialisten angewiesen. Mithilfe dieser Personen besteht die Möglichkeit, eine genauere Schätzung über den wahren Wert des Objekts vorzunehmen.

Dem entgegen steht die private Wertschätzung (Independent Private Value), bei der jeder Bieter, nach [4, S. 4], dem Auktionsgegenstand einen eigenen Wert zuweist, wobei er den der konkurrierenden Mitbieter nicht kennt. Die Grundvoraussetzungen für diesen Fall sind laut [3, S. 5], dass der Käufer das Objekt nicht weiterverkaufen will oder es finanziell ausbeuten will. Ein typisches Beispiel hierfür ist der Kauf von Kunstgegenständen, wie in [4, S. 4], erklärt. Jeder Teilnehmer einer Kunstauktion spricht einem Kunstwerk einen bestimmten Preis zu. Aber die Preisbildung wird nicht durch äußere Faktoren, wie bei dem vorherigen Beispiel durch die Wirtschaftslage beeinflusst, sondern sie hängt vom Budget des Bieters ab.

2.1.2. Gebotsabgabeform

Bei einer Auktion mit offenen Geboten werden diese fortlaufend bekannt gegeben. Jeder Auktionsteilnehmer kennt demnach die Gebote der anderen Mitbieter. Aus diesem Grund kann jeder einfacher auf die konkurrierenden Gebote reagieren [3, S. 5].

Im Gegensatz dazu, hat während der Auktion mit verdeckten Geboten, jeder Bieter nur einmal die Möglichkeit ein geheimes Gebot abzugeben. Dieses muss dem Auktionator, in den meisten Fällen, vor Beginn der Auktion abgegeben werden. Dadurch kennen die Teilnehmer der Auktion die gegnerischen Gebote nicht [3, S. 5].

2.1.3. Preisfestlegung

Der am Ende einer Auktion vom Gewinner zu zahlende Preis wird durch die Auktionsform bestimmt. Bei einer Erstpreisauktion beispielsweise gewinnt der Bieter, der das höchste Gebot abgegeben hat [3, S. 5]. Er zahlt den Preis in Höhe seines letzten Gebotes für den Auktionsgegenstand [5, S. 13].

Im Vergleich dazu, bei einer Zweitpreisauktion gewinnt zwar auch der Bieter mit dem höchsten Gebot [5, S. 13]. Aber er zahlt nur den Betrag in Höhe des zweithöchsten Gebotes, um das Objekt zu erhalten [3, S. 6].

2.2. Auktionsformen

Im Folgenden werden in vier Beispielen die wichtigsten Auktionsformen dargestellt. Bei dieser Betrachtung werden folgende Annahmen vorausgesetzt, der sogenannte Basisfall, wie in [6, S. 29-30]; [2, S. 6] erklärt. Die Bieter sind risikoneutral und besitzen keine Budgetgrenzen. Es wird nur ein einziger Auktionsgegenstand angeboten und falls ein Bieter diesen nicht bekommt, ist es ihm egal welcher andere Bieter das Objekt erhält. Der Bieter kennt seine eigene Wertschätzung, aber nicht die der anderen. Außerdem versuchen die Bieter nicht sich untereinander abzusprechen oder Signale zu geben. Hier ein kurzer Überblick über das Auktionsdesign der einzelnen Standardauktionsformen.

	Offene Gebote	Verdeckte Gebote
Erstpreisauktion	Holländische Auktion	Verdeckte Höchstpreisauktion
Zweitpreisauktion	Englische Auktion	Vickrey - Auktion

Abbildung 1: Die Standardauktionsformen im Überblick

2.2.1. Holländische Auktion

Die holländische (Ticker-) Auktion ist eine Erstpreisauktion mit offenen Geboten. Anhand der Grafik aus [1, S. 41], ist der Ablauf einer solchen Auktion besser nachzuvollziehen.

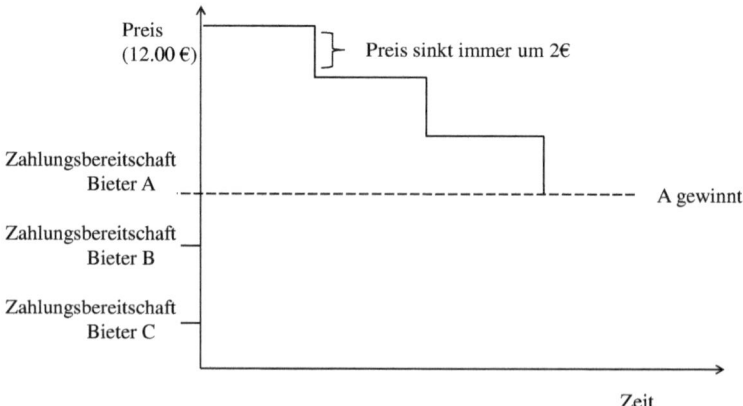

Abbildung 2: Ablauf einer Holländischen Auktion (nach Quelle [1, S. 41])

Der Verkäufer fixiert, wie in Abbildung 2 dargestellt, einen Höchstpreis für das zu verkaufende Objekt. Dieser wird, wie in [3, S. 7] beschrieben, sukzessiv in vorher festgelegten Preisschritten verringert. Sobald sich einer der Auktionsteilnehmer bereit erklärt das Produkt zu kaufen, bekommt er dieses zu dem zuletzt genannten Preis ausgehändigt. Die bestmögliche Strategie ist in diesem Fall, nach [7, S. 189], ein Gebot in Höhe der eigenen Wertschätzung abzugeben, um eine positive Auszahlung zu erhalten. Dementsprechend gewinnt der Käufer, der dem Auktionsobjekt den höchsten Preis zumisst. Diese Theorie lässt sich dank der Grafik bestätigen. Denn in Abbildung 2 ist klar zu sehen, dass Bieter A gewinnt, weil er dem Auktionsgegenstand einen höheren Wert beimisst als die Bieter B und C. Die Holländische Auktion wird vor allem für den Verkauf von leicht verderblichen Waren verwendet, wie zum Beispiel die Blumenauktion in Aalsmeer.

2.2.2. Verdeckte Höchstpreisauktion

Bei einer Höchstpreisauktion handelt es sich um eine Erstpreisauktion mit verdeckten Geboten. Vor Beginn einer Höchstpreisauktion, gibt jeder Bieter ein einziges, geheimes Gebot beim Auktionator ab. Die Gebote werden anschießend ausgewertet und der Auktionsteilnehmer mit dem höchsten Gebot gewinnt. Er zahlt den Betrag in Höhe seines Gebotes. Die Bietstrategie, nach [2, S. 5-6], bei dieser Auktionsform wird durch äußere Faktoren bestimmt, wie die Anzahl der Mitbieter und deren Wertschätzung. Um die Auktion zu gewinnen und einen maximalen Profit zu erzielen, muss der Bieter den zweithöchsten Wert schätzen, welchen er dann als Gebot abgibt. Vickrey gibt folgende Formel zur Findung der Wertschätzung an.

$$b(v) = \frac{(n-1)}{n} \times v$$

(2.1)

Wie in (2.1) zu sehen, muss man seine eigene Wertschätzung v und die Anzahl n der anderen Auktionsteilnehmer kennen, um später einen maximalen Gewinn zu erzielen. Umso mehr Information ein Teilnehmer über die Anzahl der Bieter und den Wert des Objekts besitzt, desto wahrscheinlicher ist ein Gewinn ohne eine Minimierung des Profits. Außerdem senkt er das Risiko, laut [2, S. 5], entweder einen Verlust zu erzielen, indem er einen zu hohen Preis zahlt oder das Objekt nicht zu bekommen, wenn das Gebot zu niedrig ist. Deswegen wird die Höchstpreisauktion meistens verwendet um einen Auktionsgegenstand mit übereinstimmender Wertschätzung zu verkaufen. Weiterhin wird sie angewendet, um öffentliche Aufträge zu vergeben. Jedoch gibt es bei diesem Verwendungszweck eine geringe

Abweichung im Ablauf. Denn hier erhält der Bieter mit dem niedrigsten Angebot den Zuschlag.

2.2.3. Englische Auktion

Die Englische Auktion ist eine Zweitpreisauktion mit offenen Geboten. Der Ablauf wird in [2, S. 4] folgend beschrieben. Der Verkäufer legt einen Mindestpreis für den Auktionsgegenstand fest. Anschließend gibt jeder Bieter mehrfach Gebote ab, die immer um einen Mindestbetrag erhöht werden, und das Höchste gewinnt. Der Gewinner muss aber nur den Preis in Höhe des zweithöchsten Gebotes zahlen. In der folgenden Grafik, aus [1, S. 34] wird der Ablauf noch einmal veranschaulicht.

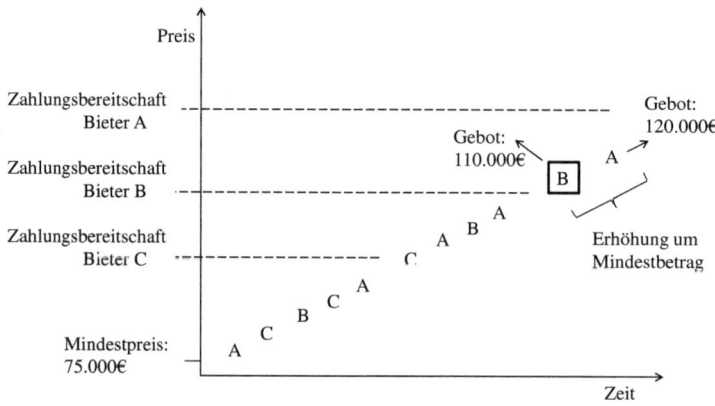

Abbildung 3: Ablauf einer Englischen Auktion (nach Quelle [1, S. 34])

In der Abbildung 3 ist das Prinzip einer Zweitpreisauktion verdeutlicht. Denn Bieter A gewinnt die Auktion, dank seinem Gebot in Höhe von 120.000€. Er zahlt aber nur den Betrag des zweithöchsten Gebotes, in diesem Fall Bieter B mit 110.000€. Weiterhin zeigt diese Abbildung 3 die dominante Bietstrategie [8, S. 46]. Ein Bieter erhöht seine Gebote solange bis er seine Zahlungsbereitschaft erreicht. Falls diese überboten wird steigt er aus, um eine negative Auszahlung zu vermeiden. Laut [2, S. 4] ist diese Strategie dominant, da jeder Bieter einen Nutzen daraus ziehen kann, ohne von den Entscheidungen der anderen Mitbietenden abhängig zu sein. Abbildung 3 stellt, wie in [1, S. 33-34] geschildert, ein weiteres Phänomen der Englischen Auktion dar. Der Verkäufer könnte eigentlich noch einen höheren Preis für den Auktionsgegenstand erzielen. Denn meistens wären die Auktionsteilnehmer bereit gewesen noch mehr für das Objekt zu zahlen. In Abbildung 3 ist klar zu sehen, dass Bieter A bereit gewesen wäre wesentlich mehr für das Produkt zu bezahlen. Aber nachdem alle anderen Bieter ihre Wertschätzung erreicht hatten, musste er nur noch das vorletzte Gebot übertreffen. Dadurch wird der Preis für den Auktionsgegenstand durch den Bieter mit der zweithöchsten Wertschätzung definiert. Diese Auktionsform wird vor allem zur Versteigerung von Kunstgegenständen, Wein und Antiquitäten verwendet.

2.2.4. Vickrey - Auktion

Diese Auktionsform ist zu Ehren des Gründers der Auktionstheorie William Vickrey benannt worden [9, S. 1]. Er erhielt 1996 den Nobelpreis in Wirtschaftswissenschaften, für seine Fortschritte im Bereich der Informationsökonomie [3, S. 9].

Das Auktionsdesign einer Vickrey–Auktion basiert auf dem Prinzip einer Zweitpreisauktion mit verdeckten Geboten. Jeder einzelne Bieter gibt ein geheimes Gebot ab, deswegen sind die Gebote der anderen Bieter nicht bekannt. Anschließend gewinnt das höchste Gebot, aber nur der Betrag in Höhe des zweithöchsten Gebotes wird bezahlt. Die Strategie ist hier nicht von denen der anderen Teilnehmer abhängig. Deswegen ist die schwach dominante Strategie nach [7, S. 187-189] in Höhe der eignen Wertschätzung zu bieten. Dies lässt sich mithilfe der Beweisführung aus [2, S. 4], die nachfolgend gezeigt wird, nachweisen. Es wird angenommen, dass die Bieter i simultan ein Gebot z_i abgibt. Jedoch kennt jeder Bieter nur seine eigene Wertschätzung v_i, also muss $v_i = z_i$ sein, weil jeder in Höhe der Zahlungsbereitschaft bieten soll. Das Höchste Gebot eines Mitspielers sei g_i. Jetzt stellt sich die Frage, ob es auch Sinn macht ein Gebot z_i^*, das größer als die eigene Zahlungsbereitschaft ist, abzugeben. Dazu sollen drei mögliche Endszenarien einer Auktion angesehen werden.

(1) $g_{i>}z_i^*$: Ob der Bieter in Höhe von v_i oder von z_i^* bietet ist gleich, da er in jedem Fall die Auktion verliert.

(2) $v_{i>}g_i$: Der Bieter gewinnt bereits wenn er in Höhe seiner Wertschätzung bietet

(3) $z_i^* > g_i > v_i$: Mit seiner Zahlungsbereitschaft erhält der Bieter nicht den Zuschlag. Wenn er darüber geht gewinnt er die Auktion und muss den Preis in Höhe von g_i zahlen. Dadurch gibt er mehr aus als er bereit ist und erleidet einen Verlust. Es ist folglich sinnvoller seine eigene Zahlungsbereitschaft nicht zu überschreiten.

Denn solange ein Auktionsteilnehmer sein Gebot in Höhe seiner eigenen Wertschätzung abgibt, erhält er eine positive Auszahlung in Höhe der Differenz zwischen seinem und dem zweithöchsten Gebot.

2.3. Erlösäquivalenztheorem

Eine Erstpreis- und eine Zweitpreisauktion mit verborgenen Geboten sind nach [7, S. 194] und [10, S. 37] erlösäquivalent, wenn die Erwartungswerte der Erlöse gleich hoch sind, bei einer kongruenten Verteilung der privaten Wertschätzungen der Bieter. Dieses Theorem lässt sich leicht, anhand der vorher dargestellten Bietstrategien, erläutern. Bei der Erstpreisauktion bieten die Teilnehmer die Hälfte ihrer Wertschätzung und zahlen den Preis ihres Gebotes. Wohingegen bei einer Zweitpreisauktion in Höhe der Wertschätzung geboten wird aber nur das zweithöchste Gebot bezahlt wird. Die niedrigeren Gebote (Hälfte der Wertschätzung) der Erstpreisauktion werden durch die niedrigeren zu zahlenden Preise (zweithöchstes Gebot) der Zweitpreisauktion ausgeglichen [10, S. 37]. Der Nachweis dieser These ist in [7, S. 192-193] durch die Erlösformeln der Erstpreis- und Zweitpreisauktion geleistet. Die Variabel b steht für die Wertschätzung des gewinnenden Bieters und die Variabel a für die des gegnerischen Bieters.

$$E_1[\max\{Y,Z\}] = \frac{1}{2}\left(\frac{2}{3}b^3 + \frac{1}{3}a^3 - ab^2\right)$$

$$E_2[min\{Y,Z\}] = \frac{2}{3}a^3 + \frac{1}{3}b^3 - ba^2$$

(2.2)

Wenn wir die Variablen a = 0 und b = 1 in beide Formeln einsetzen, kommen wir zu folgendem Erlös.

$$E_1[\max\{Y,Z\}] = \frac{1}{2}\left(\frac{2}{3}1^3 + \frac{1}{3}0^3 - (0 \times 1^2)\right) = \frac{1}{3}$$

$$E_2[min\{Y,Z\}] = \frac{2}{3}0^3 + \frac{1}{3}1^3 - (1 \times 0^2) = \frac{1}{3}$$

(2.3)

Der Erwartungswert der Erlöse ist für beide Auktionen gleich $\frac{1}{3}$, bei kongruent verteilter privater Wertschätzung.

2.4. Fluch des Gewinners

Der Fluch des Gewinners (Winner's Curse) ist die „Differenz zwischen gezahltem Preis und tatsächlichem Wert des Auktionsgegenstandes" [7, S. 194]. Damit ist gemeint, dass der Gewinner einer Auktion meistens eine negative Auszahlung erhalten wird. Denn derjenige Bieter, der die Auktion gewinnt, hat immer die höchste Wertschätzung und diese ist in manchen Fällen übertrieben hoch. Der Gewinner hat sich im Wert verschätzt, denn der wahre Wert des Objekts ist eigentlich geringer, dadurch macht er einen Verlust [1, S. 96-97]. Bei

Auktionen mit übereinstimmender Wertschätzung kommt es häufiger zur Erfüllung des Fluch des Gewinners [10, S. 43-44].

Ein treffendes Beispiel ist die Sanierung eines Spielplatzes. Der Auftrag wird anhand einer Verdeckten Höchstpreisauktion mit übereinstimmender Wertschätzung vermittelt und das niedrigste Angebot bekommt den Zuschlag. Jede teilnehmende Firma schätzt nun die Kosten der Sanierung. Die Firma mit dem kleinsten Kostenvoranschlag gewinnt zwar die Auktion, aber wird höchstwahrscheinlich im Nachhinein ein Geldproblem bekommen. Sobald beispielsweise unerwartete Kosten auftreten macht sie einen Verlust und wird dadurch Opfer des Fluch des Gewinners.

Es gibt zwei Möglichkeiten dem Fluch des Gewinners zu entkommen. Die erste wäre eine Auktion mit perfekter Information. Das heißt, dass alle Teilnehmer die gleichen Informationen besitzen und dadurch den genauen Wert des Auktionsgegenstandes kennen. Im gerade genannten Beispiel könnten die Auftragsgeber von allen Firmen Analyseergebnisse anfordern und diese mit allen Auktionsteilnehmern teilen [1, S. 97-98]. Die zweite Möglichkeit ist, einen Sicherheitsabschlag auf das eigentliche Gebot abzuführen. Durch eine Korrektur nach unten wird die Wahrscheinlichkeit, einen höher als notwendigen Preis abzugeben, vermindert [10, S. 44-45].

3. Ein Beispiel: Die spieltheoretische Analyse der deutschen UMTS-Auktion

Im Folgenden soll in einem ersten Schritt das Auktionsdesign und der Ablauf der deutschen UMTS Auktion dargestellt werden. Anschließend wird das Bietverhalten der Teilnehmer und die Beeinflussung des Ergebnisses durch einige Gestaltungselemente analysiert.

3.1. Der deutsche Mobilfunkmarkt und UMTS

3.1.1. Grundlagen von UMTS

UMTS (Universal Mobile Telecomunication System) ist die dritte Generation (3G) des Mobilfunkstandards [11, S. 2]. Die Geschwindigkeit der Übertragung ist durch UMTS wesentlich höher, da das verwendete Frequenzspektrum zwischen 1750 und 2000 MHz liegt. Beim Vorläufer GSM kommen Übertragungsgeschwindigkeiten von 14,4 kbits/s zustande, wohingegen UMTS 26-mal schneller ist und 384,0 kbits/s ermöglicht [2, S. 7-8]. Ein weiterer Vorteil des neuen Standards ist das Verfahren der Paketvermittlung. In diesem werden die gesendeten Daten in kleine Pakete aufgeteilt. Diese verschiedenen Pakete können gleichzeitig transportiert werden und dieselben Leitungen nutzen, was vorher nicht möglich war [6, S. 9-11]. Damit die Datenübertragung gewährleistet ist, werden immer zwei Kanäle benötigt. „Der eine Kanal stellt die Verbindung zwischen Mobiltelefon und Feststation sicher, der zweite Kanal ermöglicht die Verbindung von Feststation zu Mobiltelefon." [2, S. 8-9].

3.1.2. UMTS im deutschen Mobilfunkmarkt

Experten sind sich einig, dass UMTS sich durchsetzen wird. Das bedeutet, es wird den alten Mobilfunkstandard ablösen und den Markt zeitweise dominieren [6, S. 12]. Aus diesem Grund ist der Aufbau eines UMTS-Netzes für etablierte Anbieter zwingend notwendig. Denn umsatzstarke und profitbringende Kunden, beispielsweise Geschäftsleute, nutzen vorzugsweise neue Technologien. Ohne UMTS-Lizenzen ist es unwahrscheinlich dieses Klientel weiter zu halten oder Neukunden zu gewinnen [6, S. 15].

Etablierte Anbieter haben eine bestehende Mobilnetzinfrastruktur auf GSM-Basis. Diese können sie nutzen und sie auf UMTS-Standard aufrüsten. Dagegen fallen für Neueinsteiger erheblich höhere Kosten an. Da sie auf kein bestehendes Netz zurückgreifen können und durch die geringere Reichweite der Sendemasten mehr von diesen benötigt werden. Die erhöhten Fixkosten des Netzaufbaus für Neueinsteiger werden zwischen 5 – 10 Mrd. DM geschätzt [6, S. 17]. Weiterhin sind Neueinsteiger bei der Kundenakquisition benachteiligt, da der Aufbau eines größeren Kundenstammes teurer ist als die Bindung eines bestehenden [6, S. 18]. Der einzige Nachteil für etablierte Anbieter stellt die Auflösung des geschützten Oligopols dar [6, S. 22]. Denn vor der Vergabe der UMTS-Lizenzen gab es nur vier Netzbetreiber denen eine Vielzahl von Nachfragern gegenüberstand [12].

Zusammenfassend ist festzustellen, dass der Wert für eine Lizenz nicht bekannt ist, da es zu viele Unsicherheiten gibt, in Bezug auf die Nachfrage oder die Weiterentwicklung des technologischen Fortschritts im Mobilfunksektor. Trotzdem müssen etablierte Anbieter Lizenzen ersteigern, um konkurrenzfähig zu bleiben [6, S. 27].

3.2. Die deutschen UMTS-Auktion

3.2.1. Grundlegendes Design der Auktion

Das Auktionsdesign für die Vergabe der UMTS-Lizenzen hat die Regulierungsbehörde unter der Leitung von Klaus Dieter Scheuerle bestimmt. Diese hat drei Ziele formuliert, die für die UMTS-Auktion relevant sind. Der Wettbewerb soll chancengleich und funktionsfähig sein, eine flächendeckende Versorgung von Telekommunikationsdiensten zu erschwinglichen Preisen gewährleisten und die effizient Nutzung von Lizenzen garantieren (vgl. §2 TKG, Absatz 2). Weiterhin ist die Bedeutung der Erlösziele in Bezug auf die Auktionsgestaltung nicht zu vernachlässigen. Der Gesamterlös wird auf 20 Mrd. DM geschätzt [6, S. 24].

Die Regulierungsbehörde hat festgelegt, dass die Lizenzen nicht direkt versteigert werden. Das heißt, dass in einem ersten Abschnitt 12 Blöcke gepaarten Frequenzspektrum mit jeweils 2x5 MHz auktioniert werden [2, S. 8]. Jeder Bieter muss mindestens für zwei Blöcke (eine kleine Lizenz), darf auch für drei Blöcke (eine große Lizenz) bieten, um eine Lizenz zu erhalten [6, S. 65]. Kleinere Lizenzen sind den Großen gegenüber gering beeinträchtigt, denn es entstehen höhere Netzaufbaukosten durch die geringere Reichweite der Sendemasten [11, S. 2]. Eine Lizenz gilt für 20 Jahre. Im zweiten Abschnitt können 5 Blöcke ungepaarter Frequenzen à 1x5 MHz und gegebenenfalls übrige Blöcke aus der ersten Phase ersteigert werden [6, S. 65].

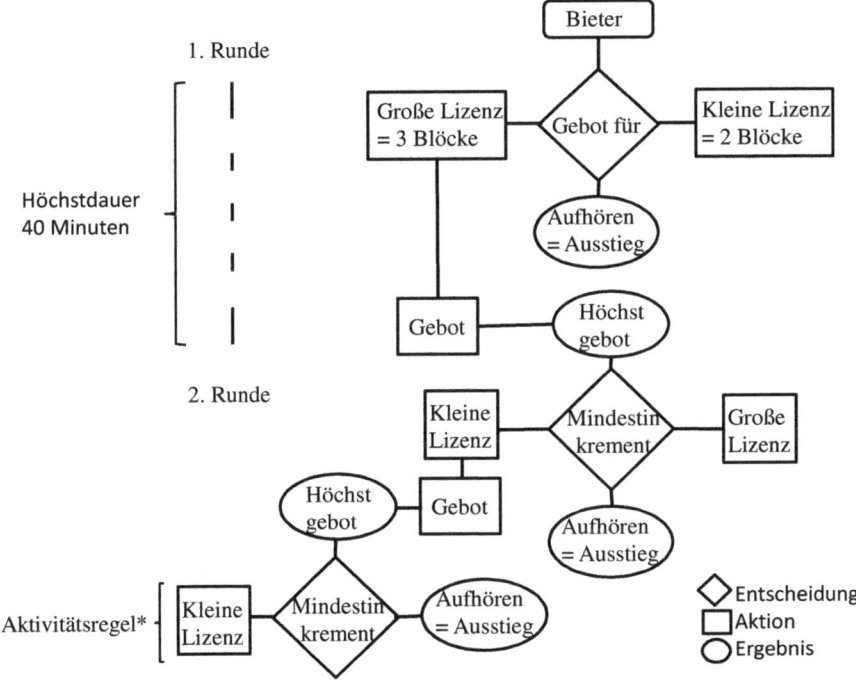

Abbildung 4: Schematischer Ablauf der UMTS-Auktion (* siehe 3.2.1)

Bei der UMTS-Auktion, eine Abwandlung der Englischen Auktion (siehe 2.2.3), handelt es sich um eine ansteigende, mehrstufige Versteigerung, in der die Gebote simultan und verdeckt, auf elektronischem Weg, abgegeben werden [6, S. 65]. Eine Runde besteht aus der Gebotsabgabe aller Auktionsteilnehmer und der anschließenden Nennung des Höchstgebotes und des dazugehörigen Bieters durch den Auktionator. Das bedeutet, dass es den Mitbietern nicht bekannt ist wer der größte Konkurrent ist oder auf wie viele Frequenzblöcke die anderen bieten [2, S. 10]. Die Abgabe von neuen Geboten muss innerhalb der vorgeschriebenen Zeit von 40 Minuten erfolgen [11, S. 5] und hängt von der Anzahl der aktiven Gebote der vorherigen Runde ab (siehe Abbildung 4). Die Bieter können pro Runde für jeden der zwölf Frequenzblöcke die Höchstgebote erhöhen. Die „Aktivitätsregel" besagt, dass die Teilnehmer ihr Bietrecht ausüben müssen und die Anzahl von bestehenden Offerten nicht zunehmen darf [11, S. 3]; [2, S. 9-10]. Zum Beispiel wenn ein Bieter für eine kleine Lizenz bietet, darf er nicht im Laufe der Auktion mehr Gebote abgeben, um eine große Lizenz zu erwerben. Das Mindestgebot für einen Block ist auf 100 Mio. DM festgelegt worden [2, S. 9]. Nach jeder Runde müssen die Höchstgebote für einen Block, um ein Mindestinkrement von 10% erhöht werden. Die erste Hälfte der Auktion endet, sobald in einer Runde keine neuen Höchstgebote mehr für die 12 Frequenzblöcke abgegeben werden [6, S. 66]. Die Regulierungsbehörde hat in den letzten Phasen das Mindestinkrement erst um 5% und schließlich auf 2% gesenkt [11, S. 3].

3.2.2. Teilnehmer an der deutschen UMTS-Auktion

An der UMTS-Auktion haben insgesamt sieben Bieter teilgenommen. Vier davon besitzen bereits GSM-Lizenzen und sind somit etablierte Mobilfunkanbieter in Deutschland. Die drei anderen besitzen kein eigenes Netz, sondern fungieren als Service Provider. Sie kaufen den Mobilfunkanbietern Übertragungskapazitäten ab und verkaufen diese weiter an ihre Endkunden [6, S. 23]. Nachfolgend werden die Unternehmensprofile der Auktionsteilnehmer dargestellt, damit später ihr Verhalten während der Auktion verständlicher ist. Abbildung 5 soll vorher einen Überblick über die Wettbewerbsposition der Firmen aufzeigen.

Bieter	Marktanteil	Kunden		Marke	Umsatz	Finanzen
T-Mobile	~ 40%	14 Mio.	+	+	10 Mrd. DM	+
Mannesmann	~ 40%	14 Mio.	+	+	10 Mrd. DM	+
E-Plus	~ 15%	5 Mio.	0	0	3 Mrd.DM	0
Viag Interkom	~ 5%	2 Mio.	0	0	3 Mrd.DM	-
Mobilcom		4 Mio.	0	0	3,4 Mrd. DM	0
Group 3G			-	-		0
Debitel		4,5 Mio.	0	0	4 Mrd. DM	-

Abbildung 5: Vergleich der Wettbewerbspositionen der Bieter (-: schwach, 0: mittel, +: stark) (nach Quelle: [11, S. 5]; [6, S. 22-23; S.115-132])

Zu den etablierten Anbietern gehört, nach [6, S. 115-116], der ehemalige Monopolist T-Mobile, Tochter der Deutschen Telekom, die anfangs alleiniger Anbieter von

Telekommunikationsdiensten in Deutschland war [12]. Die Deutsche Telekom ist aus der staatlichen Deutschen Bundespost hervorgegangen und startet erst durch die Deregulierung, die Umwandlung eines staatlichen Betriebs in einen privaten [13], den Versuch einer internationalen Markterweiterung [2, S. 10]. Dadurch ist, laut [11, S. 4], die finanzielle Situation des Konzerns belastet, aber immer noch stabil.

Größte Konkurrenz ist Vodafone nach der Übernahme des deutschen Unternehmens Mannesmann [6, S. 118-119]. Zum Zeitpunkt der Auktion ist Vodafone, wie in [11, S. 4], der weltweit größte Mobilfunkanbieter und hat sich als Ziel gesetzt ein gesamteuropäisches Mobilfunknetz aufzubauen [2, S. 10]. (Zur Vereinfachung während der Analyse mit Mannesmann bezeichnet)

Der deutsche Mobilfunkanbieter E-Plus ist in einem Bieterkonsortium, bestehend aus den ehemaligen Monopolisten der Niederlande KPN und Japan NTT und dem Konzern Hutchison, vertreten [11, S. 4]. In einer ähnlichen Konstellation hat sich dieses Konsortium, laut [6, S. 121], bereits zusammengeschlossen, um in anderen europäischen Ländern UMTS-Lizenzen zu erwerben. Als Haupteigentümer von E-Plus ist es für KPN notwendig UMTS-Lizenzen zu auktionieren, wohingegen Hutchison keinen Verlust erleidet, falls in der deutschen UMTS-Auktion keine Lizenzen ersteigert werden [6, S. 122-123].

Der letzte Teilnehmer mit deutschen GSM-Lizenzen ist Viag Interkom, deren größte Anteilseigner mit je 45% British Telecom und Eon sind [11, S. 4]. Ziel des Unternehmens ist, den Kunden einen gekoppelten Zugang für Festnetz und Mobilfunk anzubieten [6, S. 124]. Eine Ersteigerung von UMTS-Lizenzen ist, nach [6, S. 124-125], notwendig, um dieses Konzept umzusetzen und trägt positiv zur Internationalisierungsstrategie bei.

Mobilcom, mit Unterstützung durch France Télécom, ist einer der deutschen Service Provider die an der Auktion teilnehmen [2, S. 10]. Der Druck für Mobilcom ist geringer, denn die Firma kann auch wie bisher ohne Lizenzen als Service Provider ihr Geschäft weiterführen [6, S. 127]. France Télécom hingegen will sich im gesamteuropäischen Markt etablieren und ist deswegen auf die UMTS-Lizenzen angewiesen, um dieses Ergebnis zu erhalten [6, S. 126]. Für Mobilcom ist es, wie in [6, S. 126-127] erklärt, vorteilhaft eine eigene Netzinfrastruktur aufzubauen, da er als Netzbetreiber eine höhere Rendite gegenüber einem Service Provider erzielen kann.

Debitel tritt mit seinem Anteilseigner Swisscom auf [11, S. 4-5]. Für diesen Konzern besteht ebenfalls ein Vorteil im Aufbau eines eigenen Netzes [6, S. 130]. Im Gegenteil zur

Konkurrenz ist keiner der Teilhaber an einer Markterweiterung über Deutschland hinaus interessiert [6, S. 128-129].

Der letzte vertretene Service Provider ist die Group 3G, ein Zusammenschluss der ehemaligen Monopolisten in Spanien Telefónica und in Finnland Sonera [11, S. 4]. Die Group 3G ist, nach [6, S. 130-131], der einzige Bieter, der nicht auf dem deutschen Mobilfunkmarkt aktiv ist. Aus diesem Grund besteht für sie keine Notwendigkeit eine Lizenz zu erwerben [6, S. 131-132].

Da sieben Bieter an der Auktion teilnehmen, und sie nicht vorab angeben müssen auf wie viele Frequenzblöcke sie bieten wollen, kann es zu den folgenden zehn Szenarien während des ersten Auktionsabschnitts kommen. Zu Beginn der Auktion gibt es also kein Szenario, das für alle Bieter günstig wäre, da mindestens ein Teilnehmer leer ausgeht. Die kursiv gedruckten Szenarien sind faktisch unwahrscheinlich, da nur einen Block zu ersteigern wertlos ist. Nur ab 2 Blöcken erhält man eine Lizenz und damit die Möglichkeit sich im deutschen Mobilfunkmarkt zu etablieren [2, S. 9-10]. Die fett gedruckten Szenarien sind realistischer. Szenario neun, durch den Pfeil gekennzeichnet, hat sich schlussendlich durchgesetzt [11, S. 3]. Dieses Szenario hat sich auch die Regulierungsbehörde gewünscht in ihren formulierten Zielen (siehe 3.2.1).

Szenario	Anzahl großer Lizenzen (3 Blöcke)	Anzahl kleiner Lizenzen (2 Blöcke)	Anzahl einzelner Blöcke	Bieter ohne Block	Gesamtzahl Lizenzen
I.	4	0	0	3	4
II.	3	1	1	2	4
III.	3	0	3	1	3
IV.	2	3	0	2	5
V.	2	2	2	1	4
VI.	2	1	4	0	3
VII.	1	4	1	1	5
VIII.	1	3	3	0	4
IX. ➡	0	6	0	1	6
X.	0	5	2	0	5

Abbildung 6: Szenarien für die Verteilung von 12 Blöcken auf sieben Bieter (Quelle: [11, S. 3])

3.2.3. Erwartete Bietstrategien der Teilnehmer

Eine genaue Bietstrategie lässt sich, laut [6, S. 99], nur unter Berücksichtigung der möglichen Strategien der anderen Bieter errechnen. Wichtigster Faktor für den Erwerb einer Lizenz ist die Wertschätzung. Dieser Wert lässt sich aus der Prognose des Marktvolumens und der Bedeutung einer Lizenz für den Mobilfunkanbieter bestimmen.

Wie bereits in Abschnitt 3.2.2. beschrieben, ist der Kauf einer Lizenz für die etablierten GSM-Netzbetreiber, darunter vor allem T-Mobil und Mannesmann, unabdingbar. Deswegen ist die Wertschätzung der beiden definitiv höher als die der Service Provider, was die folgenden Formeln beweisen werden.

$$b \leq \frac{Ertrag_q(n + s) - c_n}{q} \qquad (3.1)$$

Der Ertrag für die Anzahl von Frequenzblöcken q ist in Abhängigkeit der Anzahl der GSM-Netzbetreiber n und der Neueinsteiger s, dazu gehören Group 3G, Mobilcom und Debitel, die eine Lizenz ersteigern. Vom Profit müssen noch die Faktoren Gebote b und die erwarteten Kosten für den Netzaufbau c_n abgezogen werden. Die Firmen Mannesmann und T-Mobil könnten aus diesem Grund versuchen die kleineren Netzbetreiber oder Neueinsteiger aus der Auktion zu drängen. Denn durch weniger Konkurrenz steigt die Umsatzrendite für sie selbst. Also steigt der Profit mit sinkendem s und steigt mit wachsendem q [2, S. 14]. Das ist einer der Gründe, weswegen die GSM-Betreiber wahrscheinlich den Kauf von drei Frequenzblöcken anstreben.

Das optimale Gebot für Neueinsteiger ist analog zu berechnen, nur der Faktor c_n wir durch c_s ($c_s > c_n$) ersetzt. Denn zu den höheren Netzaufbaukosten kommen noch weitere Schwierigkeiten hinzu, wie der Gewinn von Kunden oder der Aufbau der Marke.

$$b \leq \frac{Ertrag_q(n + s) - c_s}{q} \qquad (3.2)$$

Das Risiko für die Neueinsteiger einen Verlust zu machen ist geringer, denn sie sind nicht unbedingt auf eine Lizenz angewiesen. Bei den Netzbetreibern kann aber ein Verlust entstehen und um diesen zu minimieren ist es angebracht ein Gebot b + ($c_s - c_n$) abzugeben [2, S. 14-15]; [14].

Die erwartete Strategie während der UMTS-Auktion kann mithilfe einer Vereinfachung, die in [6, S. 132-133] beschrieben ist, erläutert werden. Angenommen die Bieter sind zwei symmetrische und risikoneutrale GSM-Netzbetreiber unter denen zwei UMTS-Frequenzblöcke versteigert werden. Bei zwei gleich hohen Geboten erhält jeder einen Block und ist somit in Besitz einer UMTS-Lizenz. Bei ungleichen Geboten erhält der Bieter, mit der höheren Offerte, beide Frequenzblöcke und der andere keinen. Beide Frequenzblöcke im

Besitz eines Teilnehmers sind 30 Mrd. DM wert, denn durch das entstandene Monopol hat er kaum Zusatzkosten. Wenn jeder einen Block ersteigert, haben sie einen Wert von 10 Mrd. DM. Jeder Bieter kann zwischen dem Gebot b Hoch, ein Gebot von 15 Mrd. DM, und Niedrig, in Höhe von 5 Mrd. DM, wählen.

Bieter B

Bieter A		Hoch	Niedrig
	Hoch	-5 / -5	15 / -10
	Niedrig	-10 / 15	5 / 5

Abbildung 7: Profite in der vereinfachten UMTS-Auktion (Quelle: [6, S. 132-133])

Wie in der Matrix der Abbildung 7 zu sehen erhalten beide eine positive Auszahlung für zwei Niedrige Gebote, da der Profit $10 - b_{Niedrig}$ ist. Wenn beide hoch bieten ergibt sich eine negative Auszahlung von $30 - b_{Hoch}$, weil sie für einen geringeren Wert zu dem gleichen Ergebnis gekommen wären und jetzt unter der geschwächten finanziellen Lage leiden. Gewinnt ein Teilnehmer erhält er die Auszahlung eines Profit von 15 und der Verlierer eine negative Auszahlung von -10, da sein Dienstleistungsangebot reduziert ist. Am klügsten wäre es für beide Bieter ein niedriges Gebot abzugeben, da sie hier immer eine positive Auszahlung erhalten. Dennoch sind beide Bieter besser beraten, wenn sie immer eine hohe Offerte abgeben, denn falls sie aus der Auktion herausgedrängt werden ist der Verlust nicht mehr tragbar für die etablierten Anbieter [6, S. 133].

3.2.4. Verlauf und Ergebnisse der Auktion

Die deutsche UMTS-Auktion begann am 31.07.2000 und endete am 17.08.2000. In den 173 Runden wurde ein Rekordgewinn von fast 100 Mrd. DM erzielt [11, S. 1]. Nachfolgend soll der Ablauf der Auktion in fünf Phasen untersucht werden. Eine Phase endet durch maßgebliche Ereignisse, die den Auktionsausgang beeinflussen, wie zum Beispiel die Reduzierung der Gebote, der Ausstieg eines Teilnehmers oder die Senkung des Mindestinkrements. Zusätzlich wird am Ende jeder Phase das Bieterverhalten beleuchtet. Abbildung 8 zeigt den Verlauf der Auktion im Überblick und ab welchem Zeitpunkt die Bieter ihre Gebote reduziert haben.

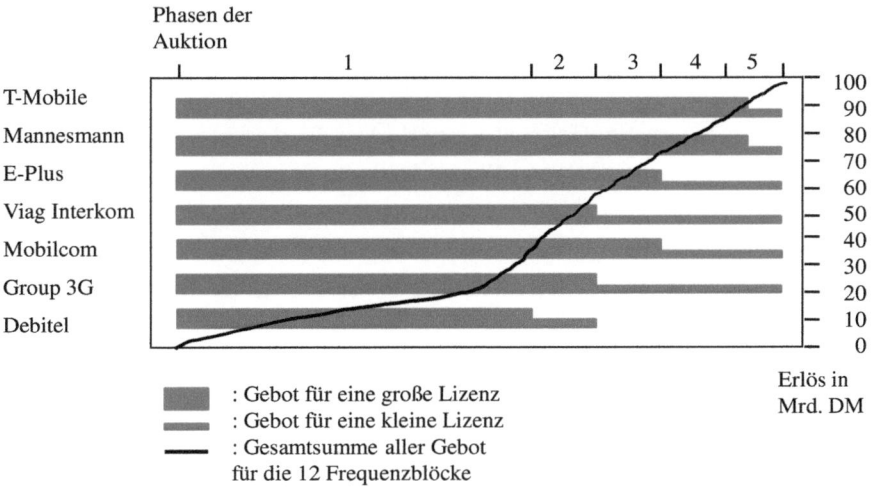

Abbildung 8: Versteigerungsverlauf im Überblick (nach Quelle [11, S. 6]; [6, S. 115-132])

In der ersten Phase (Runde 1 bis 115) steigen alle Bieter in die Auktion mit dem Mindestgebot von 100 Mio. DM ein, abgesehen von Mobilcom [6, S. 166]. Damit signalisiert der Mobilfunkkonzern seine finanzielle Stärke [2, S. 11]. Aber die hohen Einstiegsgebote beschränken sich auf zwei Frequenzblöcke, für den dritten bietet Mobilcom auf den preiswertesten. Im weiteren Verlauf geben die meisten Bieter laut [6, S. 163] passive Gebote ab. Sie erhöhen ihre Offerten nur um das geforderte Mindestinkrement und bieten hauptsächlich auf die günstigsten Frequenzblöcke. Alle Auktionsteilnehmer wollen momentan eine große Lizenz ersteigern und haben deswegen immer drei aktive Gebote [11, S. 5]. Ein Abweichen von dieser Methode sendet Signale an die anderen Teilnehmer. Deswegen signalisieren die vier etablierten Mobilfunkanbieter zeitweise mithilfe von Sprunggeboten, das sind Offerten bei denen das Höchstgebot um mehr als den Mindestzuschlag gesteigert wird, die Absicht drei Frequenzblöcke zu erwerben [6, S. 164-165; S.168]. Die Service Provider Group 3G und Debitel bieten durchgehend passiv, was in auktionstheoretischem Kontext rational ist (siehe den Basisfall bei 2.2). Am Ende der ersten Phase verkündet Debitel, dass ihnen eine kleine Lizenz ausreicht und reduziert seine aktiven Gebote auf zwei Blöcke. Es scheint als hätte Debitel seine Wertschätzung für eine große Lizenz erreicht und keinen Kostenvorteil darin sieht diese zu ersteigern [6, S. 167].

In der nächsten Phase (Runde 116 bis 127) setzten die meisten Käufer die Methode des passiven Bietens fort. Mit Ausnahme von Mobilcom, die versucht Debitel aus der Auktion zu drängen. Indem sie gezielt Sprunggebote, auf die mit Höchstgeboten von Debitel besetzten

Blöcke, ausübt, obwohl es mehrere günstigere Gebote gäbe [6, S. 170]. Dieses Verhalten führt dazu, dass Debitel am Ende der zweiten Phase tatsächlich die Auktion verlässt, als eine kleine Lizenz ungefähr 10 Mrd. DM kostet [11, S. 5]. Deshalb ist anzunehmen, dass Debitel seine Wertschätzung erreicht hat. Gleichzeitig versucht Viag Interkom, wie in [6, S. 169-170] gezeigt, seine Reduzierung auf zwei Frequenzblöcke zu verstecken, indem die Firma die Höchstgebote des günstigsten und drittgünstigsten Blockes erhöht. Ein Grund für dieses Verhalten ist die Befürchtung, dass anderen Mitbieter seine Wertgrenze von 10 Mrd. DM für eine Lizenz erkennen könnten. Im späteren Verlauf könnten dann diese Bieter versuchen Viag Interkom, bei diesem Preis für zwei Blöcke, aus dem Markt zu drängen, indem sie das Ende der Auktion verzögern [6, S. 171]. Zu diesem Zeitpunkt hätte die Auktion enden können, wenn alle Teilnehmer eine Reduzierung auf eine kleine Lizenz vorgenommen hätten (siehe 3.2.2 Abbildung 6, Szenario 9) [11, S. 5].

Durch den Beginn der dritten Phase (Runde 128 bis 138) können wir darauf schließen, dass die aktiven Bieter nicht bereit sind die Chance zu nutzen und ein schnelles Ende herbeiführen. Eine Verlängerung dient einzig und allein dazu weitere Konkurrenten aus dem deutschen Mobilfunkmarkt zu drängen. Die aktiven Bieter geben sich in diesem Abschnitt Signale durch ihre Gebotsabgaben und versuchen sich auf eine Aufteilung zu einigen [6, S. 173-174]. Aber vor allem Mannesmann und T-Mobil stimmen den anderen nicht zu, da sie befürchten letztendlich daraus einen Nachteil dem anderen gegenüber zu ziehen (siehe Abbildung 6, Szenario 7) [6, S. 175]. Wie in Abschnitt 3.2.2. geklärt wurde, ist die Ersteigerung einer Lizenz zwingend notwendig für die beiden Firmen, um konkurrenzfähig zu bleiben und es mangelt nicht an finanziellen Mitteln. Am Ende der Phase gibt die Group 3G bekannt nur noch auf eine kleine Lizenz zu bieten [2, S. 11].

Die vierte Phase (Runde 139 bis 150) beginnt mit der Senkung des Mindestinkrements auf 5% durch die Regulierungsbehörde [6, S. 176]. Im Verlauf geben E-Plus und Mobilcom die Reduzierung von drei aktiven Geboten auf zwei bekannt [2, S. 11]. Zu diesem Zeitpunkt bieten folglich nur noch T-Mobil und Mannesmann auf große Lizenzen. Dieses Verhalten lässt darauf schließen, dass die beiden versuchen einen weiteren Konkurrenten aus der Auktion zu drängen [11, S. 6]. Dadurch könnten beide ihre große Lizenz behalten und den Mobilfunkmarkt dominieren (siehe Abbildung 6, Szenario 4).

Zu Beginn der letzten Phase (Runde 151 bis 173) senkt die Regulierungsbehörde den Mindestzuschlag auf Höchstgebote noch einmal auf 2% [6, S. 180]. Es liegt jetzt an T-Mobil und Mannesmann die Auktion zu beenden. Entweder einer der Zweien oder beide müssen ihre aktiven Gebote reduzieren. Dadurch werden entweder fünf oder sechs Lizenzen vergeben werden [6, S. 179]. Die anderen Teilnehmer müssen entscheiden, ob ihnen die Lizenzen so viel Geld wert sind oder ob sie aussteigen. Aber Mannesmann stellt klar erst seine Gebote zu reduzieren, nachdem T-Mobil dieselbe Aktion ausführt (siehe Abbildung 6, Szenario 9). Somit besteht die Schlussphase aus einem Überbieten von Mannesmann und T-Mobil, die dadurch den Preis in die Höhe treiben [6, S. 181]. Die Beiden reduzieren ihre Gebote, als sie ihre Wertschätzung erreichen und bieten nur noch auf zwei Blöcke. Letztendlich werden die zwölf Frequenzblöcke unter sechs Bietern verteilt [6, S. 183-184]. Jeder erhält eine kleine Lizenz für einen durchschnittlichen Wert von 16,5 Mrd. DM [11, S. 6].

Im zweiten Abschnitt, hatten die übrig gebliebenen Bieter die Möglichkeit fünf Frequenzblöcke zu ersteigern. Viag Interkom ist aus dieser Auktion ausgestiegen, dadurch haben die anderen fünf Teilnehmer diese für circa 120 Mio. DM erworben [6, S. 183-184].

3.2.5. Bewertung des Bieterverhaltens im Auktionsverlauf

Der Preis, den die Bieter aufbringen müssen, spiegelt nicht den ökonomischen Wert. Für Mannesmann und T-Mobil ist der gezahlte Preis für ihre Lizenzen gerechtfertigt. Denn ohne eine Aufrüstung auf UMTS, hätten die beiden keine Chance mehr auf dem Mobilfunkmarkt gehabt. Außerdem verantworten die Beiden eine Einigung auf hohem Niveau, denn sie können die finanziellen Mittel aufbringen, die anderen Bieter dagegen sind benachteiligt [6, S. 194; 204]. Dadurch besteht die Gefahr, dass sie es nicht schaffen, die in [15] formulierten Forderungen zu erfüllen. Diese bestehen darin, dass der Netzausbau bis 2003 soweit fortgeschritten sein muss, dass mindestens 25% der Bevölkerung auf UMTS-Dienste zugreifen können. Somit ist der Betrag den E-Plus und Viag Interkom gezahlt haben nicht angemessen im Vergleich zu dem erwarteten Profit. Das Verhalten der beiden im Auktionsverlauf, gibt Rückschlüsse auf eine Korrektur der Zahlungsbereitschaft nach oben [6, S. 193-194]. Aufgrund der Annahme, dass die anderen Bieter genauere Informationen über den Wert einer Lizenz besitzen [6, S. 204-205]. Für Mobilcom ist der Preis für die Lizenz definitiv zu hoch gewesen, aber dadurch haben sie das vor Beginn der Auktion gesetzte Ziel erreicht (siehe 3.2.2) [6, S. 205]. Auch für die Group 3G ist der bezahlte Preis in keinem Fall gerechtfertigt. Denn der Netzaufbau in Deutschland ist für das Unternehmen wesentlicher schwerer, aus zeitlicher und aus finanzieller Sicht (siehe 3.1.2). Da sie weder als Netzbetreiber noch als Service Provider in Deutschland aktiv sind, müssen sie ganz von vorne anfangen [6, S. 205-206]. Die Entscheidung Debitels ist folglich nachvollziehbar, denn der Konzern kann wieder als Service Provider agieren. Die Teilnahme von Debitel könnte von Anfang an nur dem Zweck eines Hochtreibens des Preises gedient haben und nicht dem wirklichen Streben nach einer Lizenz [6, S. 206].

Zusammenfassend ist festzustellen, dass die Bieter ihre Ziele erreicht haben. Aber die Gefahr ein Opfer des Fluch des Gewinners (siehe Kapitel 2.4) zu werden, ist unterschätzt worden.

3.2.6. Auswirkungen einzelner Gestaltungselemente auf die Ergebnisse der Auktion

Durch das Einführen eines abgeänderten Auktionsdesigns gelang es der deutschen Regulierungsbehörde auch ökonomisch schwächere Bieter anzulocken. Denn durch die indirekte Vergabe der Lizenzen konnten alle Teilnehmer individuell bestimmen, welche Lizenzgröße sie brauchen. So die Theorie [8, S. 35-36]. Andererseits trägt diese indirekte Vergabe der Lizenzen dazu bei, dass vorher die zehn möglichen Szenarien feststanden (siehe Abbildung 6) und damit die maximale Anzahl der neuen Netzbetreiber. Mannesmann und T-Mobil haben versucht den Preis für eine Lizenz solange zu erhöhen bis ein weiterer der ökonomisch schwächeren Bieter aussteigt. Damit hätte sich die Wettbewerbssituation für die restlichen Bieter stark verbessert (siehe 3.2.4) und der Umsatzverlust wäre geringer [2, S. 14-15]. Ein Nachteil des Designs der UMTS-Auktion ist definitiv die Benachteiligung der Neueinsteiger. Die Regulierungsbehörde hätte diese durch das Auktionsdesign unterstützen sollen. Stattdessen war es extrem schwer Profite zu erwirtschaften, trotz der hohen Investments [6, S. 75-76]. Bei anderen UMTS-Auktionen, beispielsweise im Vereinigten Königreich sind Neueinsteiger, durch das Angebot einer nur für sie bestimmten Lizenz, gefördert worden [2, S. 15]; [6, S. 150].

4. Entwicklung des UMTS-Marktes bis heute

, „Im Nachhinein hat sich gezeigt, dass der Preis für die Lizenz nicht so ganz passend war", sagte Guido Heitmann von E-Plus. „Das waren andere Zeiten damals, wir waren mitten in der Internet-Blase." ' [16]. Den Unternehmen, die die Anforderungen der Regulierungsbehörde (siehe 3.2.5), nicht erfüllen konnten, sind die Lizenzen ohne Rückerstattung entzogen worden. Dadurch ist der deutsche Mobilfunkmarkt doch nur von vier der sechs Lizenzeigentümer dominiert worden. Dazu gehören T-Mobile, Mannesmann, E-Plus und Viag Interkom [16]. Außerdem ist es unmöglich gewesen die hohen Ausgaben für die Lizenzen wieder einzubringen und währenddessen erschwingliche Tarife anzubieten. Laut [15] müssten die Mobilfunkunternehmen den Umsatz pro Kunde verdreifachen, um die Kosten für den Erwerb auszugleichen. Aus diesem Grund sind Tarife für die Internetnutzung überhöht gewesen. Was einer der Gründe für ein mangelndes Interesse an den neuen Diensten war. Zusätzlich gab es auch noch keine Technologie, vor allem keine markttauglichen Handys, die alle gebotenen Möglichkeiten des mobilen Internetzugriffs nutzen konnten. Nach [17] ist das einer der Hauptgründe, weswegen die Nutzung der UMTS-Dienste nur schwerlich von den Kunden angenommen worden ist. Im Jahr 2005 haben nach [17] nur 2% bis 3% der Handybesitzer

UMTS verwendet. Erst durch die Entwicklung marktfähiger Handys, wie Blackberry oder iPhone, ist das UMTS-Angebot weitreichend genutzt worden. Mittlerweile gibt es einen leistungsfähigeren Mobilfunkstandard (LTE), aber Experten gehen davon aus, dass UMTS vorerst nicht so schnell vom Markt gedrängt wird [16].

5. Literaturverzeichnis

[1]   G. Berz, Spieltheoretische Verhandlungs- und Auktionsstrategien, Stuttgart: Schäffer-Poeschel Verlag, 2007.

[2]   B. Neubauer, Die deutsche UMTS Auktion, Norderstedt: GRIN Verlag GmbH, 2004.

[3]   Z. Gropsianova und I. Nesiren, „Ludwig-Maximilians-Universität München," 05. Februar 2009. [Online]. URL: http://www.mathematik.uni-muenchen.de/~spielth/artikel/Auktionstheorie.pdf. [Zugriff am 10. Juni 2015].

[4]   o.V., „Universität zu Köln," 30. Juni 2003. [Online]. URL: http://www.uni-koeln.de/wiso-fak/weiz/ss03/vl_30_07_03.pdf. [Zugriff am 17. Juni 2015].

[5]   M. Sauerhoff, „Technische Universität Dortmund," 06. Dezember 2007. [Online]. URL: http://ls2-www.cs.uni-dortmund.de/~sauerhof/agt0708/vortrag5.pdf#page=24&zoom=auto,-138,14. [Zugriff am 31. Oktober 2015].

[6]   S. Niemeier, Die deutsche UMTS-Auktion - eine spieltheoretische Analyse, Wiesbaden: Deutscher Universitätsverlag, 2002.

[7]   T. Riechmann, „Spieltheorie," Bd. 3. Auflage, Kaiserslautern, Verlag Franz Vahlen München, 2010, S. 187 - 194.

[8]   T. Eichstädt, Einsatz von Auktionen im Beschaffungsmanagement, Wiesbaden: Gabler, 2008.

[9]   B. Moldovanu, „Rheinische Friedrich-Wilhelms-Universität Bonn," 28. März 2000. [Online]. URL: http://www.econ2.uni-bonn.de/pdf/papers/william_vickrey_und.pdf. [Zugriff am 14. Juni 2015].

[10] M. Beckmann, Ökonomische Analyse deutscher Auktionen, Wiesbaden: Deutscher Universitätsverlag, 1999.

[11] H. Lindstädt, Versteigerung der deutschen UMTS - Lizenzen: Eine ökonomische Analyse des Bietverhaltens, Leipzig: Handelshochschule Leipzig, 2001.

[12] C. Rieck, „Professor Rieck's Spieltheorie-Seite," [Online]. URL: http://www.spieltheorie.de/glossar/. [Zugriff am 15. Oktober 2015].

[13] P. D. H. Klodt, P. D. H.-W. Wohltmann und P. D. h. S. Schöning, „Gabler Wirtschaftslexikon," [Online]. URL: http://wirtschaftslexikon.gabler.de/Archiv/1635/deregulierung-v11.html. [Zugriff am 21. Oktober 2015].

[14] „Mathematik," 12. Dezember 2008. [Online]. URL: https://mathematik.de/spudema/spudema_beitraege/beitraege/kuhlenschmidt/index.htm. [Zugriff am 31. Oktober 2015].

[15] J. Preuß, „Perspektive: Blau," 10. Januar 2006. [Online]. URL: http://www.perspektive-blau.de/artikel/0302b/0302b.htm. [Zugriff am 04. November 2015].

[16] P. Zschunke, „Spiegel Online," 01. August 2010. [Online]. URL: http://www.spiegel.de/netzwelt/gadgets/zehn-jahre-umts-langsam-beschleunigt-das-mobile-internet-a-709250.html. [Zugriff am 04. November 2015].

[17] V. Briegleb, „Heise Online," 18. August 2015. [Online]. URL: http://www.heise.de/newsticker/meldung/15-Jahre-UMTS-Auktion-Nach-dem-grossen-Kater-2778571.html. [Zugriff am 04. November 2015].

6. Abbildungsverzeichnis

7. Formelverzeichnis